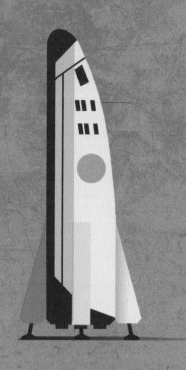

本书插图系原文插图

图书在版编目（CIP）数据

出发，去火星/（英）科林·斯图尔特著；何治宏译. --北京：北京联合出版公司，2023.1
ISBN 978-7-5596-6449-5

Ⅰ.①出… Ⅱ.①科… ②何… Ⅲ.①火星—少儿读物 Ⅳ.①P185.3-49

中国版本图书馆CIP数据核字（2022）第150056号

审图号：GS京（2022）1058号

So You Want to GO ON A MISSION TO MARS by COLIN STUART
Design, illustration and editing: Dynamo Limited
Copyright: © TEXT AND ILLUSTRATIONS 2019 BY PALAZZO,
DESIGN & LAYOUT © 2019 PALAZZO EDITIONS LTD
This edition arranged with PALAZZO EDITIONS LTD, UK
through BIG APPLE AGENCY, INC., LABUAN, MALAYSIA.

Simplified Chinese edition copyright © 2023 by Beijing United
Publishing Co., Ltd.
All rights reserved.
本作品中文简体字版权由北京联合出版有限责任公司所有

出发，去火星

[英] 科林·斯图尔特（Colin Stuart）　著
何治宏　译

出 品 人：赵红仕
出版监制：刘　凯　赵鑫玮
选题策划：联合低音
特约编辑：蒉　鑫
责任编辑：王　巍
装帧设计：聯合書莊

关注联合低音

北京联合出版公司出版
（北京市西城区德外大街83号楼9层　100088）
北京联合天畅文化传播公司发行
北京华联印刷有限公司印刷　新华书店经销
字数40千字　889毫米×1194毫米　1/16　3印张
2023年1月第1版　2023年1月第1次印刷
ISBN 978-7-5596-6449-5
定价：48.00元

GO ON A MISSION TO MARS

出发，去火星

[英] 科林·斯图尔特（Colin Stuart） 著

何治宏 译

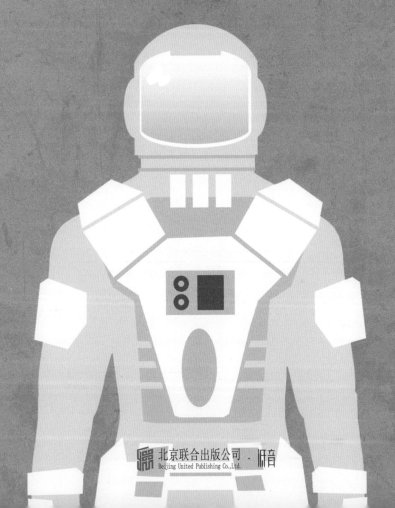

北京联合出版公司 · 乐府
Beijing United Publishing Co.,Ltd.

去往
火星的旅行

　　从来没有人到火星旅行过。迄今为止，只有机器人访问过那颗迷人的红色星球，但人类第一次火星探险的计划正在制订中。

　　这本指南将为你提供去火星旅行所需的全部信息。到达目的地后，也许你会解开火星的最大谜团：火星上存在生命吗？

　　你够勇敢吗？

　　你够聪明吗？

　　当然！

　　那我们走吧！

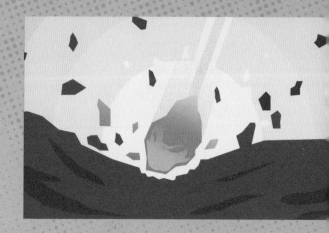

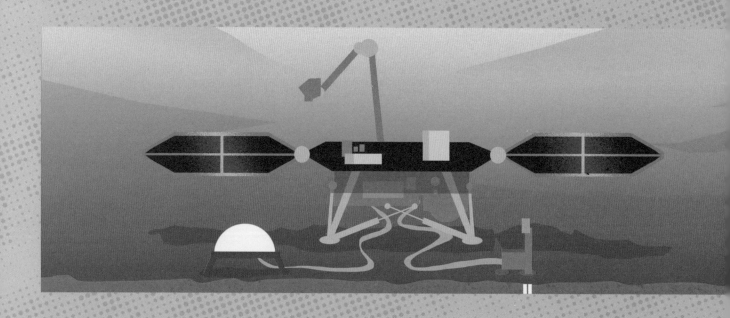

你的旅行指南

探险
从这里开始

一场不可思议的火星之旅正等着你。本书将为你提供你的太空探险计划所需的全部背景知识。

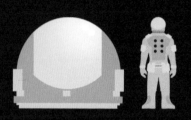

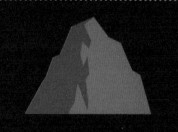

祝你在太空飞行中好运！

火星的重要数据

直径：
6,779千米

≈地球直径的53%

质量：
6.4×10^{23}千克

≈地球质量的10.7%

表面重力：

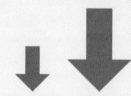

≈地球表面重力的37.6%

大气压强：
0.00628标准大气压（ATM）
（地球为1标准大气压）

≈地球大气压强的0.6%

卫星：2颗

火卫二

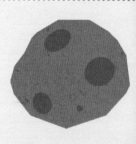

火卫一

火星是太阳系中距太阳第四近的行星。

冥王星
（矮行星）

天王星

木星

地球

海王星

火星

土星

金星

水星

太阳

火星大气层

吸入火星大气层中的气体会对人体造成致命伤害。

95.97%	二氧化碳
1.93%	氩气
1.89%	氮气
0.15%	氧气
0.06%	一氧化碳

火星距离地球至少

5,400万
千米

致命危险！
需要呼吸设备

火星的故事

火星迷人的历史可以追溯到数十亿年前，并且现在仍有一个巨大的谜团等待解开。

火星诞生

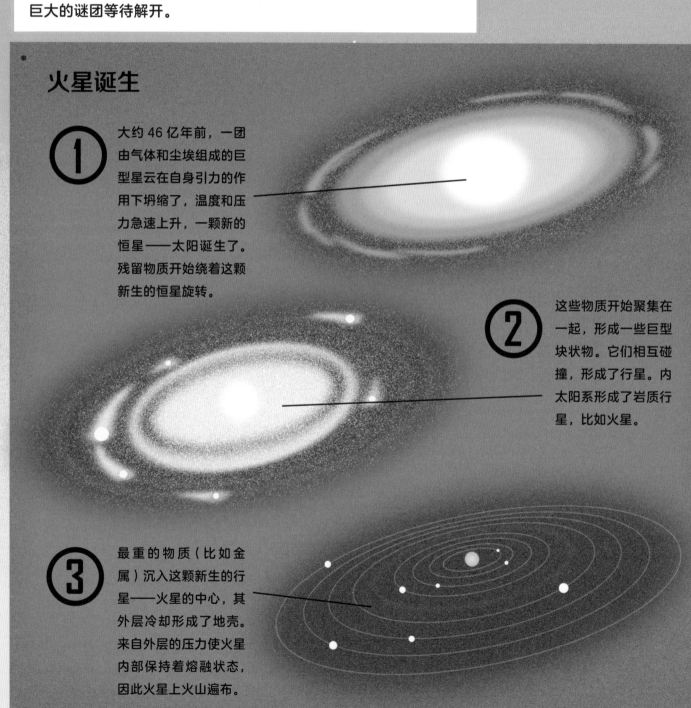

① 大约 46 亿年前，一团由气体和尘埃组成的巨型星云在自身引力的作用下坍缩了，温度和压力急速上升，一颗新的恒星——太阳诞生了。残留物质开始绕着这颗新生的恒星旋转。

② 这些物质开始聚集在一起，形成一些巨型块状物。它们相互碰撞，形成了行星。内太阳系形成了岩质行星，比如火星。

③ 最重的物质（比如金属）沉入这颗新生的行星——火星的中心，其外层冷却形成了地壳。来自外层的压力使火星内部保持着熔融状态，因此火星上火山遍布。

从海洋到沙漠

人们认为很久以前火星上曾存在深海，然而现在我们看到，火星上大部分是尘土飞扬的沙漠。到底发生了什么呢？这很可能是太阳风（从太阳吹来的带电粒子流）造成的。火星的磁场比地球弱得多，因为它的内核冷却了（地球有一个超级热的内核）。没有磁场的保护，太阳风会逐渐破坏火星的大气层，所以火星上的大部分水都消失了。剩下的一些水又大多被冻结在火星的两极。

火星上可能曾经有过深海，那么它有过生命吗？如果有的话，它们还存在吗？

最大的疑问 ❓

火星上有或者有过生命吗？

火星上的季节

在火星探险旅行中，你体验不到与地球上相同的季节变化。以下是一些不同之处。

近日点

火星轨道上离太阳最近的点称为**近日点**。火星位于近日点时，其北半球处于冬季，南半球则是夏季。南半球的夏季炎热而短暂，高温可能引发巨大的沙尘暴，这些沙尘暴可能会笼罩整个星球数周。

北半球
冬季

南半球
夏季

火星绕太阳公转的周期约为地球的两倍，长达**687地球日**。

火星绕太阳公转的轨道是一个扁扁的椭圆形（比地球公转的轨道还要扁），这给它带来了不同寻常的季节变化。

地球上一年有**365天**。

地球

太阳

在地球上，南北半球的季节性天气大致相似。北半球和南半球的夏季大致同样炎热，冬季也同样寒冷。

你必须习惯火星上相当低的光照强度。这里太阳光的平均强度只有地球的40%左右。

远日点

火星轨道上离太阳最远的点称为**远日点**。火星位于远日点时，其北半球处于夏季，而南半球则是漫长寒冷的冬季。不过，不要指望北半球的气温会和地球夏季的温度一样，因为，在火星上，大部分时间都冷得刺骨。

北半球
夏季

南半球
冬季

火星

火星季节长度
（北半球）

春季	夏季
7 个月	**6** 个月
秋季	冬季
5 个月	**4** 个月

夏季，火星赤道附近的温度可以达到温和宜人的35℃。但冬季，两极地区的温度会骤降到不宜居留的−143℃。火星表面的平均温度在−63℃左右，很是寒冷。

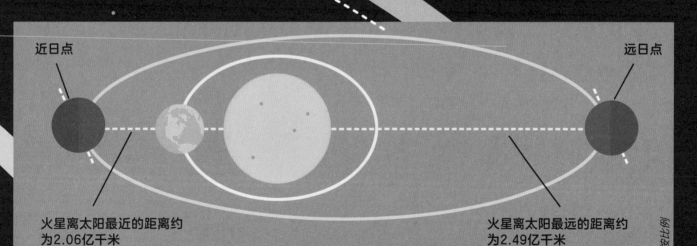

近日点

远日点

火星离太阳最近的距离约为2.06亿千米

火星离太阳最远的距离约为2.49亿千米

不按比例

旅行建议：在火星上要注意防冻。
无论什么季节，只要外出探险，都要穿戴好合适的防护装备。

机器人访客

机器人探测器已经访问过这颗行星了，并帮助科学家绘制出了火星地图。

水手 4 号

1964—1971

美国航天局（NASA）发射的"水手 4 号"探测器飞越火星，传回了第一张火星的近距离照片。"水手 9 号"于 1971 年进入火星轨道，并展示了更多火星表面的情况。

1975

美国航天局发射了"海盗 1 号"和"海盗 2 号"探测器。二者都在 1976 年登陆火星。它们传回了火星那令人惊异的鲜红色表面的图像，并利用机械臂为搭载的实验仪器采集了一些样本。

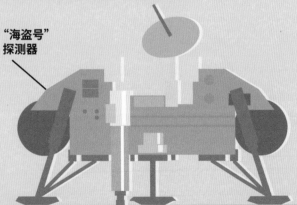

"海盗号"探测器

奥林波斯山
巨型火山

"海盗1号"火星车

索利斯高原

水手号峡谷群
峡谷系统

阿耳古瑞平原

1997

美国航天局的"旅居者号"火星车登陆火星。与静态的"海盗号"探测器不同，它可以利用 6 个轮子，从一个地方移动到另一个地方。它的探测设备深入到岩石内部，并对火星上的风和大气进行了近 1,000 万次的测量。

"旅居者号"火星车

"机遇号"
火星车

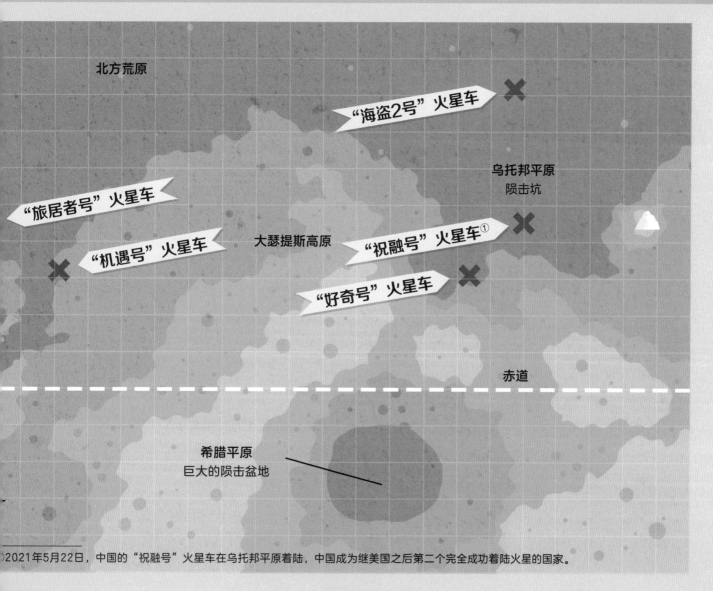

北方荒原

"海盗2号"火星车

乌托邦平原
陨击坑

"旅居者号"火星车

"机遇号"火星车　　大瑟提斯高原　　"祝融号"火星车①

"好奇号"火星车

赤道

希腊平原
巨大的陨击盆地

①2021年5月22日，中国的"祝融号"火星车在乌托邦平原着陆，中国成为继美国之后第二个完全成功着陆火星的国家。

2004

美国航天局的"勇气号"和"机遇号"火星车着陆，帮助科学家绘制出火星地图，并发现了火星过去存在水的证据。

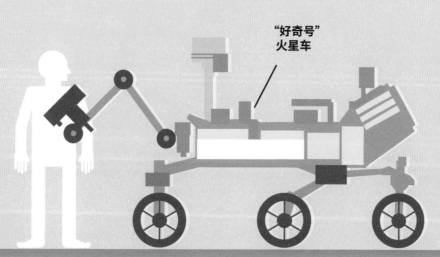

"好奇号"
火星车

2012

轿车般大小的"好奇号"火星车在火星着陆。以前的探测器都是装在气囊内掉落到火星表面的，但尺寸更大的"好奇号"是借助"空中吊车"（一种火箭动力着陆器），轻轻地降落到火星表面的。

火星的卫星

火星有两颗很小的卫星，它们位于太阳系中体积最小的卫星之列。

火卫二

火卫一

卫星的发现

美国天文学家阿萨夫·霍尔（Asaph Hall）差点儿放弃对火星卫星的搜寻，多亏他的妻子安杰琳（Angeline）鼓励他继续下去。最终，他使用位于华盛顿特区的望远镜发现了火卫一和火卫二。

火星是以罗马战神的名字来命名的，火星卫星的名字则取自战神的儿子。

两颗卫星的名字分别为"福波斯"（Phobos）和"得摩斯"（Deimos）。它们是以罗马战神玛尔斯 (Mars) 双胞胎儿子的名字来命名的。罗马人之所以用战神的名字来命名这颗行星，就是因为它血红的颜色。

火卫一的基本资料

火卫一是两颗卫星中较大的一颗。

它在距离火星表面 6,000 千米的轨道上运行，一天绕火星 3 圈。

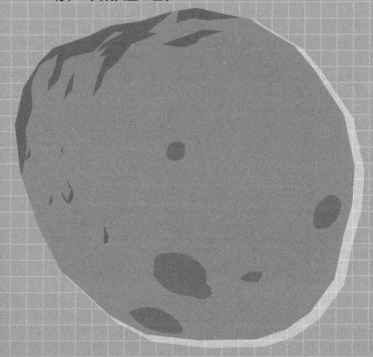

火卫一上有一个直径约 10 千米的巨大陨击坑。它被命名为"斯蒂克尼陨击坑"，取自该卫星的发现者阿萨夫·霍尔妻子的娘家姓。

火卫一正在缓慢地旋转着向火星靠近。据估计在 5,000 万年内，它要么撞上火星，要么破碎形成一个环绕火星的岩石环。

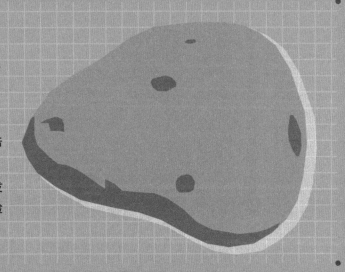

火卫二的基本资料

火卫二比火卫一离火星更远一些，它绕火星一周需要 30 个小时。

火卫二的直径约为 12 千米。

跟火卫一一样，它的表面也是凹凸不平的，布满陨击坑，到处都散落着岩石和灰尘。

科学家们讨论过，可以把其中一颗卫星作为向火星发送机器人探测器的基地，该基地可以阻挡一部分危险的宇宙射线和太阳辐射。

危险警告

火星会是一个极其危险的参观地点。下面是旅客将不得不应对的一些问题。

辐射

太阳和银河系中的其他恒星会发射出致命的粒子流，这些粒子流会损害人体组织。我们的身体被环绕在地球周围的大气层和磁场所保护，但在火星上可没有这样的屏障。因此不建议长时间停留在火星，所有建筑都需要配备厚厚的辐射防护屏。

心理煎熬

旅客们需要认清这个事实：他们将在长达 7 个月的漫长旅程中，与自己所爱的人和物天各一方。从火星上发送一条信息至少需要 12.5 分钟才能到达地球，所以想和亲近的人对话并不容易。旅行者还必须习惯和同行的人待在一个狭小的空间里，并学会处理随时可能发生的矛盾。

建一个储备有食物和空气的备用紧急栖息地会是一个好主意，如果有必要的话，可以躲进去。

流星体

　　许多流星体到达地球大气层时会燃烧殆尽，但在火星，它们可以长驱直入，变成陨石。火星被陨石撞击的频率大约是地球的 200 倍。任何建筑都需要提防陨石的袭击，所以在火星表面，可能需要设置某种大型陨石预警系统。

200

每年会有超过200颗直径大于1米的陨石撞击火星。

100万吨

偶尔会有一颗威力相当于100万吨黄色炸药的陨石撞击火星。

尘暴

　　在火星，像地球上一个洲那样大小的尘暴会肆虐数周，遮天蔽日，红色颗粒笼罩着一切。与地球不同的是，这里没有降雨来洗净空气里的沙尘，因此在尘暴过后的很长一段时间里，空气中依旧会弥漫着令人窒息的尘埃。

2018年，美国航天局报告称，火星上一场尘暴已经发展到可以完全覆盖整个星球的程度。

接受训练

火星之旅可不是普通的假期旅行。你需要先接受宇航员训练和体检，才能在运载火箭上预订座位。

工程技术训练

你将接受工程技术训练，学习操作和修理设备。

训练计划表

你将在一个中性浮力水槽中接受训练和测试，这是一个模拟微重力的大水池。

你能穿着飞行服持续踩水10分钟吗？

你能穿着飞行服和网球鞋不停歇地游满75米吗？

医学训练

你将学习急救和飞船上药物的最佳使用方法。

团队合作训练

你将接受与团队和谐相处、高效合作的培训。

呕吐彗星

你可能会被带到"呕吐彗星"（一种以抛物线的轨迹飞行的飞机）上训练，以模拟太空的失重环境。

你可能会感到眩晕，想要呕吐，这种飞机也因此有了这一绰号。

离心机训练

你将在一个巨大的离心机中旋转，以模拟飞船发射时的超强重力加速度。

保持愉悦

火星之旅意味着你将离家数月。因此，应对思乡之情和抑郁情绪的训练也会被安排上。

火星地形训练

你将在一个逼真的火星表面模型上训练——这可能会在一个孤立的沙漠中进行。

山脉

尘土

一旦通过了训练，你就可以乘坐下一趟航班飞往火星了。

体检

你需要身体健康才能去火星旅行，因为在太空没法去医院看病。这是你需要达到的健康标准：

无疾病 ✓

视力良好 ✓

血压正常，静坐血压不能超过140/90毫米汞柱 ✓

身高、体重正常 ✓

当前宇航员的身高要求为 1.48 米到 1.9 米之间。

宇宙飞船很小，额外重量会带来额外的燃料费用，所以宇航员的体重通常不能超过 81.6 千克。

飞船生活指南

在这趟火星之旅中，你将在宇宙飞船里待上几个月。如图所示的火箭，就是为了载你去火星而设计的。

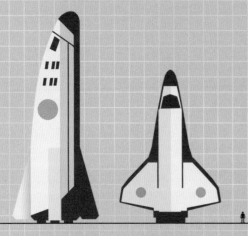

火星探索者　　航天飞机

由于飞船上空间紧凑，旅客需要共用舱室。这里会有一块公共娱乐区、一个公共厨房和一个健身房。

载荷舱是旅客居住和储存物资的地方。

飞船上会有一个太阳风暴避难所，旅客躲进去，就可以免受太阳耀斑（太阳表面能量的突然释放）带来的任何辐射。

碳纤维燃料罐需要在到达火星表面后重新加注燃料。

发动机会把飞船的速度提高到10万千米/时。

三角翼会在飞船接近火星时帮助飞船克服颠簸和翻滚。

飞船上的生活

在失重环境中生活，肌肉会逐渐萎缩，骨骼强度也会逐渐降低。因此，你需要每天运动2~4个小时，否则，身体会逐渐衰弱。

食物会在飞船发射之前包装好，保质期长达几个月。菜单中主要是一些脱水食物或蛋白质棒。不过，在飞船灯光的照射下，种植一些生菜也是有可能的。

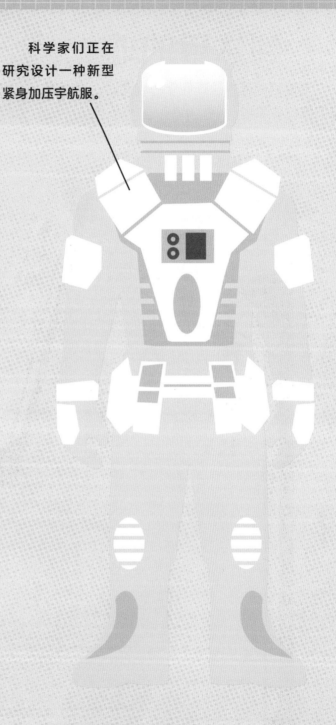

科学家们正在研究设计一种新型紧身加压宇航服。

当接近火星时，你会被要求穿上加压宇航服准备登陆。火星表面的低气压会一瞬间导致人体内的血液沸腾，所以只要外出，你都必须穿上这种宇航服，同时戴上头盔和呼吸系统设备。

到达目的地

当最终降落在这颗行星的表面时,你会经历下面这些事情。

着陆

在火星上着陆并不容易。当飞船穿过稀薄的火星大气层俯冲下来时,其外壳温度将达到1,700℃。

① 着陆飞船会迅速降落。

飞船有耐高温的设计,但重要的是如何找到成功减速的方法。

② 当它接近火星表面时,超音速反向助推器将会点火发动。

像机器人探测器这样的小型飞行器可以通过降落伞和气囊来减速,但大型载人飞船需要靠超音速反向助推器点火来缓冲减速。

③ 登陆支架必须展开,以防止飞船翻倒。

熔岩洞

你的营地

　　任何火星落脚点都必须能够应对恶劣的环境和时时面临的致命生存威胁。

　　在地下扎营可能是个好主意，也许可以选在孔雀山底部的洞穴里。这些洞穴是很久以前由熔岩流造就的中空管道。图片中显示的这几个洞能充当天窗，让地面上的光线照进来。

　　去火星之前，你可以到地球上的熔岩洞穴里体验一下。比如，之前一些宇航员就曾在加那利群岛的熔岩洞穴中进行过训练。

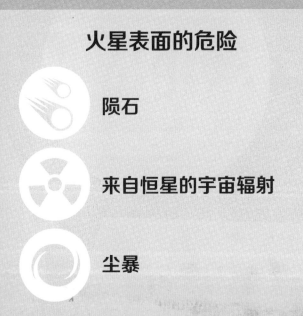

火星表面的危险

陨石

来自恒星的宇宙辐射

尘暴

饮食和呼吸

火星大气层中几乎不含人类呼吸所需的氧气。在这里，植物不可能生长，畜禽也不可能生存。那么在火星上旅行时，你将如何呼吸，又能吃些什么呢？

参观火星农场

食物很可能会被种植在具有特殊结构的穹顶温室内。温室里的植物可能是水培（种在由水和营养物质混合而成的溶液中，而非土壤中）生长的。

容易存活的高产作物会被种植。

土豆

豌豆

甜玉米

小萝卜

如果能把火星土壤中的有毒化学物质清除掉，并添加一些营养物质，那么火星土壤是可以被利用的。

饲养成群的家畜作为食物，需要做太多的工作且消耗大量的资源。但养殖可食用的昆虫来为火星居民提供蛋白质是有可能的。蟋蟀含有的蛋白质几乎和同等重量的牛肉一样多。

火星上的氧气

人类每分钟会吸入大约8升的空气，其中近21%是氧气。我们将需要建立制氧厂来满足氧气需求，下面的想法也许可以采用。

巨大的太阳能电池板可以发电。

这些工厂需要建在火星的冰盖上，以获得供水。

给水通电，可以将水分解成氢气和氧气。

水的化学符号是H_2O，它是由氢元素和氧元素组成的化合物。

氢气可以储存起来作为燃料使用。氧气可以装进罐子中，运送到火星上的人类栖息地。

往下看，往上看

站在火星上，看脚下或头顶，你能看到些什么呢？

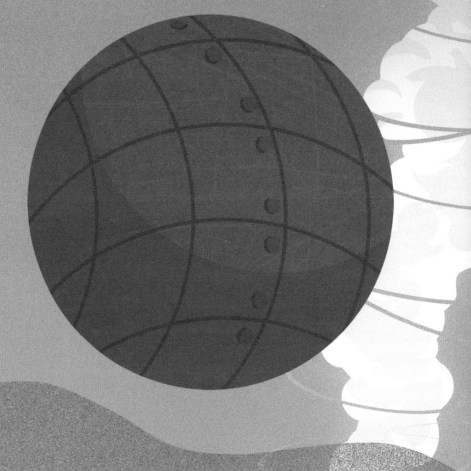

"生锈"的星球

火星以其红色的外表而著称，这种色调是由它表面广泛分布的氧化铁造成的。在地球上，我们称之为铁锈。火星上有富含铁的岩石，强风风化（侵蚀）了它们，使之变成了尘土。这层红色尘土之下是坚硬的玄武岩，是火星早期火山熔岩迅速冷却形成的。

尘土飞扬的沙丘

在火星一年中的某些时候，温度升高，形成强风，风速可达 400 千米 / 时。强风会把松散的沙子塑造成一系列壮观的沙丘，有时会发生巨大的"沙崩"。

灰尘来了！

强风可能会把尘埃吹进移动的旋涡中，形成"尘卷风"。这种现象在地球上的沙漠中也会发生。

火星天空

在火星上观星将会是一种享受，因为这里没有任何光污染，完全不会像在地球上那样。你会看到地球是一个蓝色的小斑点，月球就在它附近。很容易观测到火卫一绕着火星运行，它偶尔也会从太阳前面经过（见第12页）。

火卫一

地球

金星

蛛网孔道

当春天到来时，南极极冠的气体会从冰层下逸出，在火星表面形成类似瑞士奶酪孔洞那样的洞和奇怪的蜘蛛状图案，这被称为蜘蛛状辐射丘。这种特殊地貌在太阳系其他地方是看不到的。

蜘蛛状辐射丘——从同一点向外放射的沟槽

寻找液态水

火星上的大部分水是两极的冰，它上面是否有流动的水呢？这是迄今为止发现的一些火星上曾存在液态水的证据。也许有一天，人类访客会彻底证实液态水的存在。

运河？不是

天文学家曾看到火星表面有一系列纵横交错的直线，并相信它们是神秘的火星人修建的运河。事实证明，那只是一种错觉。

氯化物？是的

探测器在火星上发现了氯化物沉积物——一种水蒸发后留下的化学物质。这也是过去火星上的水消失的证据。

人们曾经认为这些是火星人修建的运河。

盐条纹

火星上的大部分水是两极的冰，但2015年，在加尔尼陨击坑（火星表面的一个巨大撞击点）内拍摄到了一些不寻常的东西——在陨击坑内壁发现了黑色的季节性斜坡条纹。这些条纹可能是由水造成的，而且必然是咸水，这样才不会结冰（咸水的冰点比淡水低）。

加尔尼陨击坑

火星地下是什么?

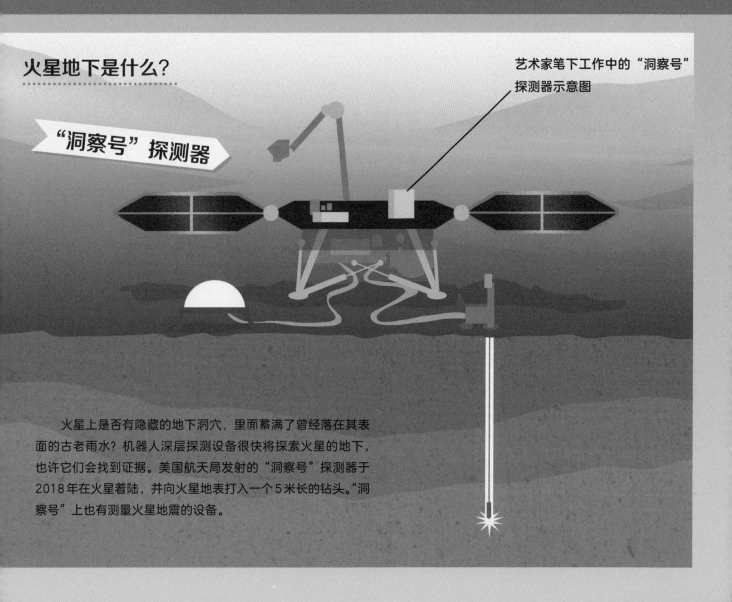

艺术家笔下工作中的"洞察号"探测器示意图

"洞察号"探测器

火星上是否有隐藏的地下洞穴,里面蓄满了曾经落在其表面的古老雨水?机器人深层探测设备很快将探索火星的地下,也许它们会找到证据。美国航天局发射的"洞察号"探测器于2018年在火星着陆,并向火星地表打入一个5米长的钻头。"洞察号"上也有测量火星地震的设备。

尘埃冰

火星上有缓慢移动的冰川,但它们隐藏在一层厚厚的尘埃之下。2018年,美国航天局还发布了一些隐匿冰川的照片。

隐匿冰川

景观亮点

火星上令人惊叹的景观包括巨大高耸的火山和深不可测的峡谷。

奥林波斯山

这座巨大的死火山位于一个叫塔尔西斯突出部的广袤高原附近，该高原覆盖了火星 25% 的面积。这里也有其他火山，每一座都比地球上任意一座山要高。

奥林波斯山坡度平缓，所以是有可能爬上去的，不过徒步走完这段路要花几周的时间。在它的山顶，有一个巨大的火山口，叫作破火山口。

奥林波斯山

火山口宽60多千米，深3千米。

高于火星基准面
21,229米

奥林波斯山

海拔
8,848.86米

珠穆朗玛峰

欢迎来到
希腊陨击坑

这个陨击坑特别深，深到即使把珠穆朗玛峰放进去，峰顶也只是刚刚超过它的边沿而已。

它可能是大约 39 亿年前，一颗巨大的天体撞击火星形成的。

2,300千米宽

它有自己的山丘和深沟，可能是在火星上有液态水时形成的。

欢迎来到
水手号峡谷群

这个陡峭的峡谷系统横跨 4,000 千米长的广阔区域。

这些峡谷可能是在火星表面开裂时形成的。

它们可能会成为火星游客攀岩的好去处。火星岩石主要是火山玄武岩，有很多适合攀爬的台阶和抓手。

超过200千米宽、7千米深。

29

陨击坑、高原和沙丘

将来有一天，火星上的游客也许能在陨击坑和高原上攀岩，或者乘坐沙丘车从沙丘上俯冲下来。

踏上高原

大瑟提斯高原是一个巨大的古老高原，大到用望远镜就能看到它是火星表面一个明显暗区。人们一度以为那是一片浅海，甚至是某种树形成的森林。

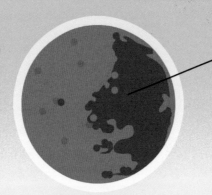

大瑟提斯高原的面积为 1,000 千米 × 1,500 千米。

参观陨击坑

如果你想去参观陨击坑，可以去赫斯珀里亚高原试试。这座高原以其皱脊（由古老的熔岩流形成）而闻名，这里有很多古老的陨击坑和一座名为第勒纳山的火山，这座火山曾经喷发过火山灰和火山尘。

沙丘越野

巴格诺尔德沙丘群会是火星上一个玩沙丘越野的好地方。它位于盖尔陨击坑内，由火星上的风塑造而成。"好奇号"火星车曾经探索过这里。然而，由于火星上的重力很小，火星越野车每次越过沙丘时都会弹跳到高空中，而且高得吓人！

火星越野车是在阿波罗登月任务中使用过的一辆月球车的基础上设计而成的。它将有助于火星旅行，甚至可以进行沙丘探索。

冰和气体的线索

火星上冰冷的冰川也许能为人类未来的火星任务提供水源。这里的气体和岩石可能会提供生命存在的线索。

隐藏的冰川

火星上缓慢移动的冰川最初是由火星轨道飞行器上的雷达探测发现的，因为它们隐藏在厚厚的尘埃层下面。它们并不在两极，而是在赤道以北和以南的地带。

伊斯墨纽斯湖区是一个寻找冰川的好去处。火星勘测轨道飞行器（MRO）对它拍摄了照片，发现了崎岖不平的冰川景观。

1米深

如果冰川融化，火星将被1米深的洪水所淹没。

150 亿立方米

火星上冰川里所储存的水量。

表明生命迹象的气体

我们知道火星大气中一直有甲烷气体存在，这可能是火星上存在生命的线索。在地球上，大部分甲烷来自生物。所以火星上的甲烷或许可以追溯到早已灭绝的远古生命，也可能来自以微生物的形式隐藏在地下的生命。

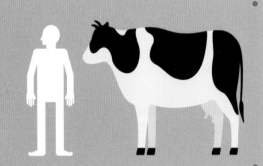

90%

地球上90%的甲烷是由生物产生的。

被热液滋养过的生命

在火星水下深处的海底火山口周围，可能曾经存在过生命。地球上的深海热液喷口的位置往往在炽热的火山岩加热海床上海水的地方。热液会往海水中注入化学物质，这有助于细菌的存活。

地球上的一个深海热液喷口

在火星上也发现了曾经位于水下的古代热液喷口。

热液喷口

看，没有空气

细菌也许能在其他星球上生存，不需要空气或光。这样看来，火星上也许还有更大的生物，比如像地球海底热液喷口周围的生命——包括巨型管虫和螃蟹那样的生物。

改造火星

科学家、小说家和电影制作人都梦想有这样一颗火星——在那里，人类可以舒适地生活和工作。为了实现这一梦想，火星环境需要被改造得更像地球一些。这样改造一颗星球的设想被称为"地球化"。这里提出了一些建议，在遥远的未来不妨试一试。

给火星装上镜子

为了让火星变得暖和，并以此使之形成海洋和河流，可以在火星轨道上设置巨大的反射镜，将阳光反射到火星上，融化两极的冰盖。

在火星上种植植物

可以在这颗变暖的星球上种植藻类和绿叶植物。一旦它们开始生长并释放氧气，将有助于改变火星的大气成分。

迅速升温

另一个融化火星两极冰盖的想法是用携带氨气和甲烷等气体的人造陨石轰击冰层，这将有助于产生温室效应，使大气层增厚、变暖。

主在"泡泡"里

  "局部地球化"这一构想是在火星的某一个地方建一个"保护壳",并在壳内创造一个适宜人类居住的环境。在这个环境里,气候温暖,气温恒定,适宜人、动物的居住和植物的生长。

艺术家笔下的火星
局部地球化构想图

返程回家

坏消息是，还没有人知道如何从火星返回地球；好消息是，人类非常善于攻克难题。所以，未来火星之旅会是一段单程旅行呢，还是到那时你会从火星上带一些纪念品回家，比如一把铁锈色的灰尘？

火星上升飞行器发射升空

美国航天局正在研究火星上升飞行器（MAV）。它将把宇航员从火星表面运送到地球返回飞行器（ERV）——一种绕火星运行的飞行器上。

因为火星上升飞行器太重了，无法从地球直接运到火星上，所以它将被拆分运输，并在太空中组装好，然后再发射到火星上。在那里，它将通过压缩火星大气层中的气体来制造自己的燃料。

火星上升飞行器必须提前在火星上准备好，并且能够抵挡辐射和尘暴，等待宇航员到达并根据需要使用它。

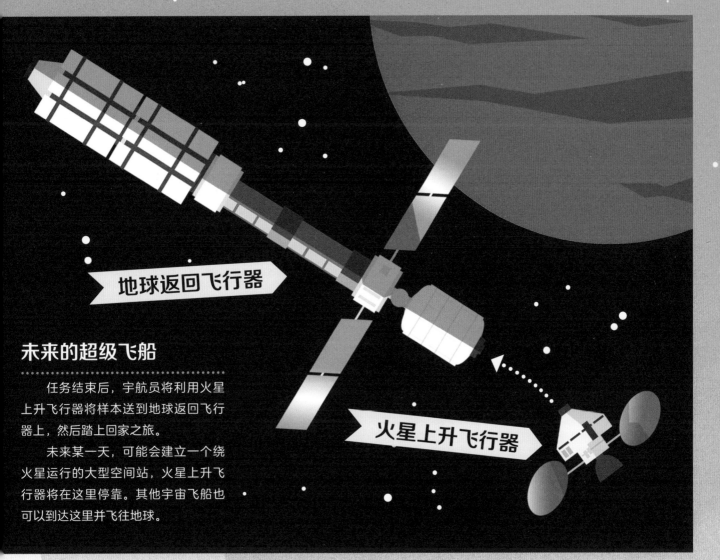

地球返回飞行器

火星上升飞行器

未来的超级飞船

任务结束后，宇航员将利用火星上升飞行器将样本送到地球返回飞行器上，然后踏上回家之旅。

未来某一天，可能会建立一个绕火星运行的大型空间站，火星上升飞行器将在这里停靠。其他宇宙飞船也可以到达这里并飞往地球。

一路顺风

以上设备都是设想出来的，需要很多年才能发明出来。同时，现在任何想去火星的宇航员都可能永远与地球告别。如果你决定去火星，祝你好运，但千万别忘了带上这本书哟！

单 程 票

火星梦

以下只是众多天文学家、科学家和发明家中的几位，他们中有的人增进了我们对火星的了解，有的人梦想着把人类送去火星。也许未来有一天，你也会加入他们的行列！

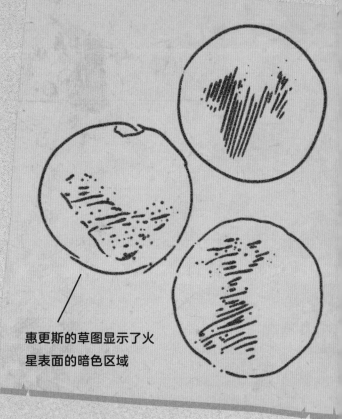

惠更斯的草图显示了火星表面的暗色区域

第一个看到火星的人

意大利天文学家伽利略·伽利雷（Galileo Galilei）可能是第一个从望远镜中看到火星的人。1610 年，他通过望远镜这项新发明看到了这颗红色行星，并注意到火星的大小会随着时间的推移而变化，这意味着在不同时刻它离地球的远近不同。

伽利略·伽利雷

第一个画出火星的人

17 世纪 50 年代，荷兰天文学家克里斯蒂安·惠更斯（Christian Huygens）绘制了第一批表现火星表面特征的图。他的草图清楚地显示了现在被称为大瑟提斯高原的暗色区域（见第 30 页）。他还画出了一个极冠。

卡尔·萨根

看到未来的人

卡尔·萨根（Carl Sagan）是美国天文学家，也是一位电视明星，就是他让激动人心的火星研究计划变得家喻户晓。萨根曾协助美国航天局执行探测任务，并设想有一天将火星车送往火星。1996 年 12 月，萨根去世，几个月后，1997 年 7 月 4 日，"旅居者号"火星车成功登陆火星。

计划在火星上建造城市的女性

美国太空探索技术公司（SpaceX）的总裁格温·肖特维尔（Gwynne Shotwell）计划尽快将人类送上火星。她与企业家埃隆·马斯克（Elon Musk）合作，希望有一天能在火星上建起城市，谁若想去，就卖票给谁。

星舰（原名大猎鹰火箭）

美国太空探索技术公司设计的星际空间运载火箭

火星体验

与此同时，阿拉伯联合酋长国已经制订出一个计划——要在迪拜附近的沙漠中建造一个"火星模拟基地"。在那里，人类将能够体验到火星上的生活，而不必真的离开地球。

词汇表

奥林波斯山
火星上的巨型火山，也是太阳系中最大的火山。

冰川
沿地面运动的巨大冰体。

赤道
环绕天体表面与南北两极距离相等的圆周线。

大气层
一层受到重力吸引聚拢在天体周围的气体。

地壳
一个星球最外层的实心薄壳。

地球返回飞行器（ERV）
为了把人类从火星送回地球而设计的航天器。

地球化
改变一个天体的表面环境，使其更像地球的设想。

火卫一
围绕火星运行的卫星之一。

火卫二
围绕火星运行的卫星之一。

火星上升飞行器（MAV）
一种火星着陆器的名称。

局部地球化
在一个巨大的保护壳覆盖的范围内，创造一个与地球类似的人造环境的构想。

空间探测器
可以在一个行星上着陆、拍摄图像并进行科学实验的无人航天器。

空中吊车
一种由火箭驱动的着陆器，用于将"好奇号"机器人探测器送到火星表面。

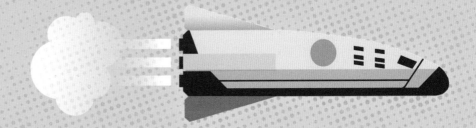

流星体

分布在星际空间的细小物体和尘埃。大质量的流星体在穿过天体大气层后未被完全烧毁而落到天体表面的残骸，叫作陨石。

热液喷口

在深海底部，被岩浆加热的海水沿地壳裂缝集中流动和喷发的地方。在很久以前，火星上也曾经出现过类似的热液喷口。

熔岩

火山爆发时从地下喷出的炽热的液体状岩石。

水手号峡谷群

火星上的一个大峡谷系统。

塔尔西斯山群

火星上的一个火山区。

太阳辐射

来自太阳的放射性粒子流。

太阳系

银河系的一个天体系统，以太阳为中心，包括太阳、八大行星及其卫星、矮行星和无数的小行星、彗星、流星等。

行星磁场

行星周围形成的磁场。火星的磁场已经消失了。

氧化铁

生锈变红的铁颗粒。

宇宙辐射

来自太空中恒星的放射性粒子。

陨击坑

从太空飞来的陨石撞击天体表面形成的凹痕。

蜘蛛状辐射丘

只在火星表面发现的、从同一点向外放射的沟槽。